U0240517

重庆市科委科普资助项目　"可爱的数学"丛书

奇妙的数学之旅

主　　编：张　　矩
副 主 编：袁　　欣　林小光
美术指导：葛　　良

西南师范大学出版社
国家一级出版社　全国百佳图书出版单位

图书在版编目（CIP）数据

奇妙的数学之旅 / 张矩主编． -- 重庆：西南师范
大学出版社，2018.3
ISBN 978-7-5621-9149-0

Ⅰ．①奇… Ⅱ．①张… Ⅲ．①数学－青少年读物
Ⅳ．① 01-49

中国版本图书馆 CIP 数据核字（2018）第 026337 号

奇妙的数学之旅
QIMIAO DE SHUXUE ZHI LU

主　编：张　矩

责任编辑：张浩宇
封面设计：谭　玺
排　　版：张　祥
出版发行：西南师范大学出版社
　　　　　地址：重庆市北碚区天生路 2 号
　　　　　网址:http://www.xscbs.com
　　　　　邮编:400715
印　　刷：重庆共创印务有限公司
幅面尺寸：140mm×203mm
字　　数：60 千字
印　　张：4.5
版　　次：2018 年 8 月　第 1 版
印　　次：2021 年 3 月　第 2 次印刷
书　　号：ISBN 978-7-5621-9149-0

定　　价：20.00 元

序

　　我们有根据说数学是人类固有的天赋。众多数学爱好者对数学如痴如醉，然而，我们可爱的小学生面对数学功课却经常感到枯燥乏味。也许是初学者必须经过艰苦的门槛？也许大多数人就是欣赏不了数学的美妙？也许，我们希望，仅仅是我们没有找到方法写一本好看的数学书。

　　数学教学的基本框架形成在纸张与书本相对昂贵的时代，精练的叙述，严密的结构，都是我们钦佩与欣赏的东西。然而，小学数学的内容，是起码两千多年中涌现的众多数学天才，在人类文明的历史长河中，在不同的地域、不同的社会文明环境当中，在不同的哲学理念指导下，为了精神上的或者实用的目的，经过辛勤耕耘产生的伟大思想成就的精华。

　　我们希望，如果我们能够把小学数学知识形成的背景与可能的思路细细道来，小学数学也就能够显得稍微生动有趣一点。

　　在《天梦奇旅》系列漫画中，我们塑造了一组人物，通过故事赋予了他们鲜明的性格。我们用他们来"表演"这本书的内容，希望同学们能够喜欢。

主要人物介绍

易佰分：
小梦班上的学霸，求胜心极强，经常引起他人的反感。

布慧庞：
小梦的同学兼好友，吃货一枚，为人憨厚，懂事善良。

姚爱国：
小梦班的班长，一个中二病的热血直男。

夏小梦：
小学三年级学生，夏小天的姐姐，不爱学习,拥有酷酷的性格。

美琪：
小梦班的班花，家庭富裕，受班上男生欢迎，爱耍小性子，非常自恋。

李斯特：

小梦学校的数学教授，头脑灵活，学识丰富，外表俊朗，为人自信，受全校师生喜爱。

迪卡卡：

小梦学校校长，原是全球排名第一的拉弗儿大学的数学系高级教授，为人睿智低调。

张玲：

小梦班班主任。职业女性，循规蹈矩，服从上级，爱护学生。有轻微更年期症状，易被激怒。

夏小天：

夏小梦的弟弟，八个月大。外表看似呆萌，却拥有无限智慧，像神一样能回答任何人提出的任何疑问，能跑能飘，能打能跳，对数学有非凡的理解力。

目录

第一话 老师也不懂

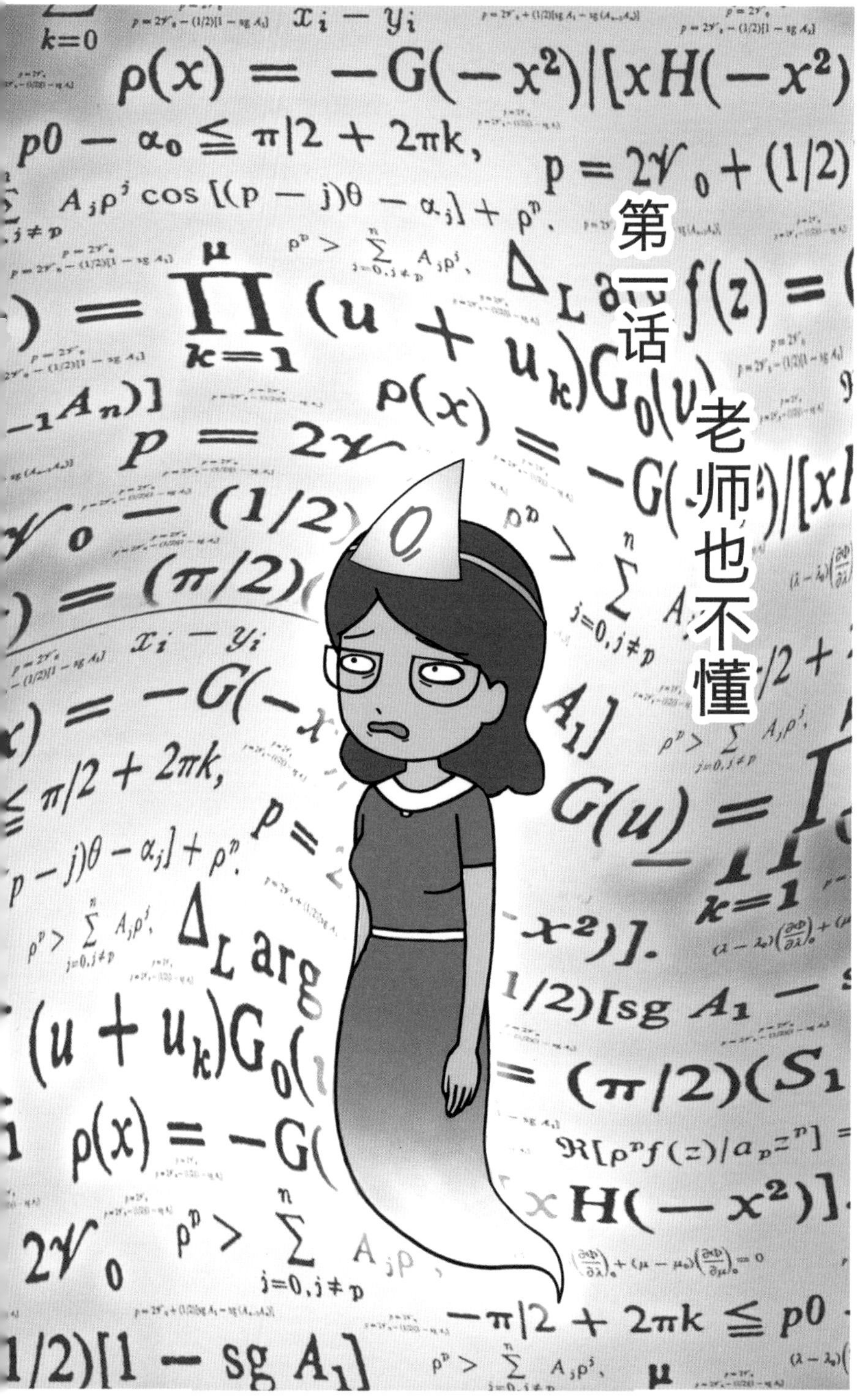

今天张老师问我什么是数？

数就是1,2,3,4,5,6,7,8,9,10。

那11呢？

单身一辈子的节奏，知道1就够了……

一个茶叶蛋两块，三个就是六块。

我懂数！

德国数学家弗雷格1884年第一次说清楚什么是数。

计算机科学创始人冯·诺依曼1923年又给了一个美妙的定义。

数学……

有啥美妙……

万物皆数。

布姑娘说的是每天用的数，

李老师说的是数学教授的事，

笛校长说的是哲学家的事。

哲学！是政治老师教的数学？

$1+1=4$

我要数学家来教我们！

数是哲学？

罗素在《数学原理》中提到：

弗雷格以前的作者都把算术的哲理想错了。他们这些人所犯的错误是一个很自然的错误。他们以为数目是由数数儿得来的。他们陷入了无法解决的困境，是因为可以算做一个的东西，也一样可以算做多个。

冯·诺依曼也曾定义：

一个集合S是一个序数，当且仅当S对集合成员而言是严格有序的，并且S的每个元素也是S的一个子集。

这个定义就是自然数。例如，2是4={0, 1, 2, 3}的元素，2等于{0, 1}，所以它是{0, 1, 2, 3}的一个子集。

天呐!

其实好多老师都不懂,对小学一、二年级的学生来说,学会一个一个的数字,会做加减乘除买东西就可以啦。

我们可不是一、二年级的!

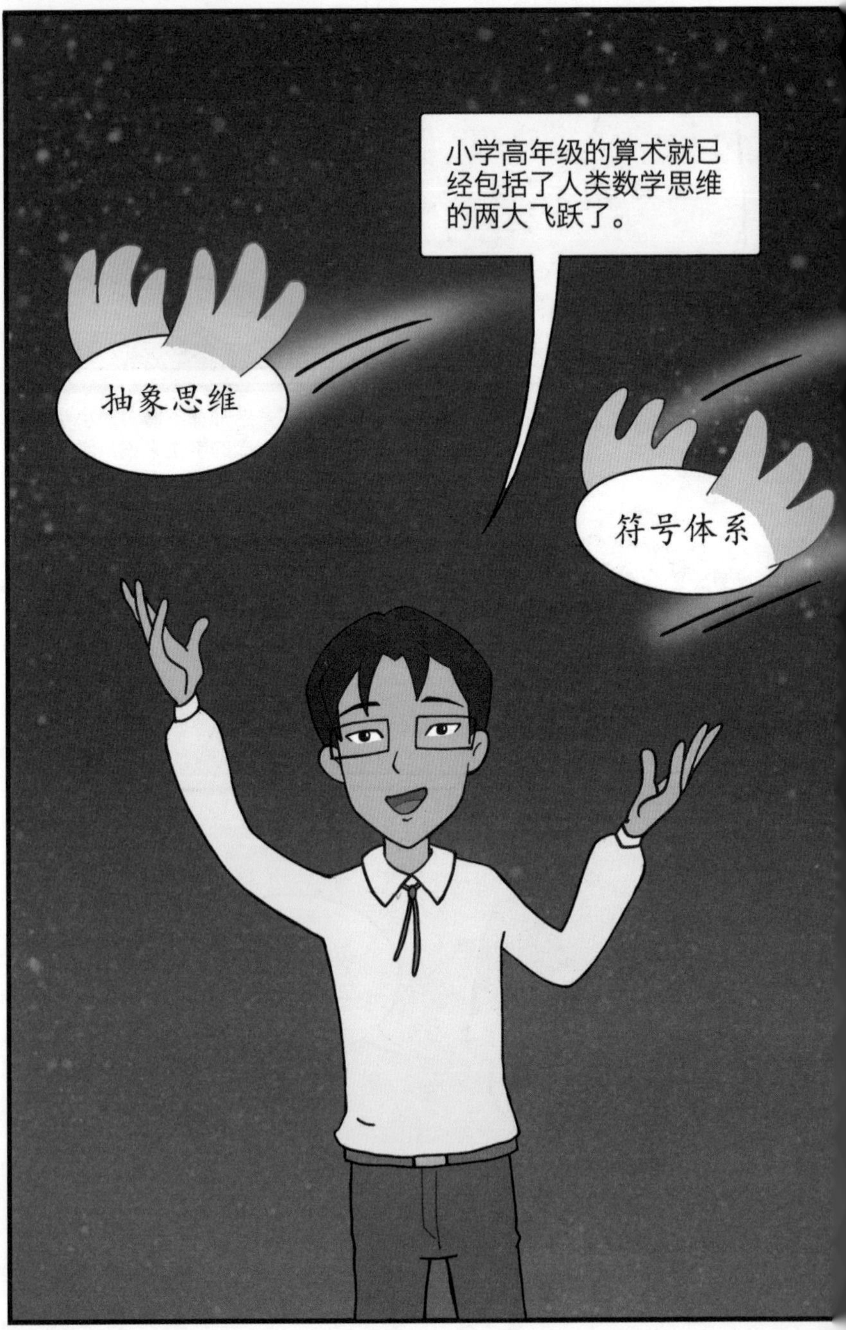
小学高年级的算术就已经包括了人类数学思维的两大飞跃了。
抽象思维
符号体系

嗯~这是现代科学技术最基础的思维工具。

校长讲得好啊!

晕!

我是小学生唉!

小学算术已经体现了现代数学思维的深度。

我们必须正面对待小学高年级算术引入的一些内容，事实上有相当深度与难度，既不可能给小学生一个严格的定义，同时又要灌输一个直观可用的理解。

我最喜欢看你们听不懂的样子。

知识

就是要灌输嘛！

其实很简单，正整数就定义为，从1开始通过不断"加1"产生的所有"东西"。

说好不讲"定义"的！

干嘛只加1？一万一万地加嘛。

我加一兆亿！

第二话 大数要逃亡

哗！哗！

请用茶。

现在大家用的数字1，2，3，……是阿拉伯数字。

这我们大家都知道。

告诉欧洲人，准发明的数字！

是你发明的又怎么样？是我传播的！

其实是印度人发明的，西方人接受了由阿拉伯传来的印度数字。

欧洲

阿拉伯数字起源

印度

哦！头一次听说啊～

数有尽头吗？

数是无穷的，万以上的数可以称为大数。

大数就是很大的数，构成一个人体需要500万亿个细胞,你知道吗？

500万亿个细胞

阿基米德是历史上最早提出"大数"的人。

有人认为世界上沙子是无穷的。

但阿基米德计算表明沙子总数不会超过1×10^{100}。

大数定义很简单，小学生在认识万以内数的基础上，进一步认识计数单位为"万""十万""百万""千万"和"亿"的数字，这种数称为大数。

万
十万
百万 —— 大数
千万
亿

同时还要知道大数各个计数单位的名称和相邻两个单位之间的关系。

数感？？？

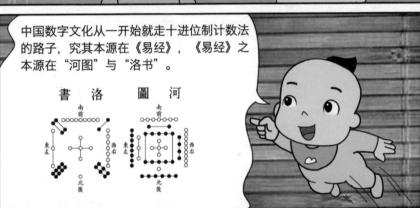

中国数字文化从一开始就走十进位制计数法的路子，究其本源在《易经》，《易经》之本源在"河图"与"洛书"。

書 洛 圖 河

像元代《算学启蒙》记载的大数进制表。

还是要好好学习呀!

?

美国总统克林顿像你这么大的时候，已经是班上最好的学生了。

我现在就是班上最好的学生。

哼!

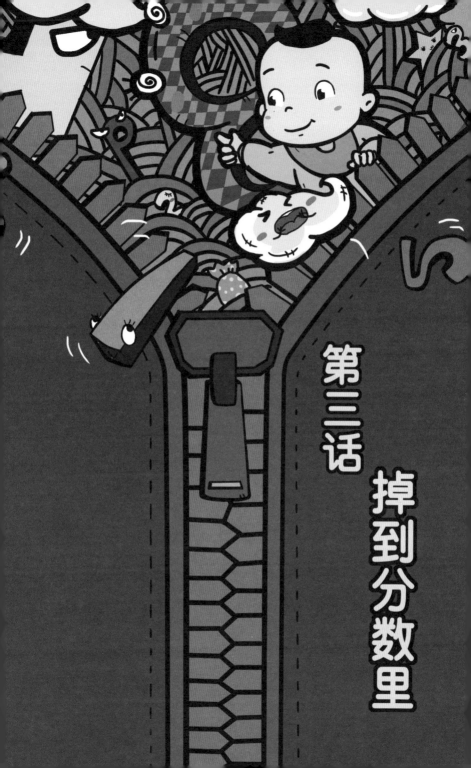

第三话 掉到分数里

你就知道吃！我用脚趾头就能算出该付126块。

那我出6块！

哎～EQ是个好东西，真希望人人都有。

分数非常古老……

不就是一条横线嘛！

别看这条横线很简单。

它可是蕴含着很多数学家对分数和分式的科学审视，其演进过程彰显着数学发展的内在动力。

……

在拉丁文里，分数一词来源于frangere，是打破断裂之意。因此分数也曾被人叫作"破裂数"。

分数有什么难的。

小朋友口气可真大。

历史文明中有很多分数的记载，古巴比伦人喜欢使用分母是60的分数。

这是完美的分数！

还真够执着的。

他们可能是毕达哥拉斯学派的坚定信徒。

认为"1"是数的第一原则，万物之母，智慧之源。

古代分数的表示方法很笨拙。

德国有句谚语"掉到分数里去了"。

就像数学家欧拉在《通用算术》中提到的：

把7米长的一根绳子分成三等份是不可能的，因为找不到一个合适的数来表示它。

嘿!

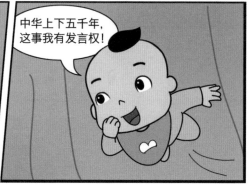

中华上下五千年，这事我有发言权!

第四话　对称强迫症

有对称，就有抄袭。

学校文艺汇演

您的左侧抄袭了您的右侧，不敢想象一个分别画出来的你。

一共17种对称，

全都出现在古埃及。

埃及旅游团打折！

我们全家去得起。

对称是山下有一片波平浪静的湖泊，我在山上，影子在湖底。

对称是衣柜上有一面大大的镜子，我在镜子面前，美在镜子里。

巴黎啊！有什么伤心事，

让我来安慰你。

我要带佰分去看埃菲尔铁塔，暑假我们去巴黎。

哦！巴黎，往事不要再提起。

伽罗瓦，巴黎的天才少年。

1829年，18岁的他发明了群论，我们才有了理解对称的好工具！

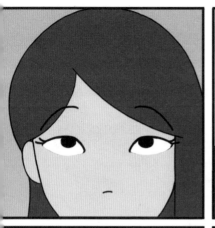

天才！我们易佰分其实很谦虚。

伽罗瓦，千年一遇的天才……

伽罗瓦，好熟悉的名字。

21岁就在决斗中死去。

那总是因为有人太美丽。

我们在讲对称，怎么扯到决斗这种不稳重的话题。

不管大人小孩……

不论是徒手还是拿枪，打架都是不对的。

第五话

不可预知的可能性

看我姚式黄金
左脚！

嘭！

嗖一！

嗖！

咚！

那可是班主任最心爱的花盆！

你等班主任忙着改作业的时候再去自首，这样被骂的可能性要小些。

李老师救命啊！

这需要分析一下各种可能性。

万一班主任正好改到班长的作业呢！那被骂的可能性就不小了！

哎呀呀……

咳咳，我讲的可能性可是概率统计里的可能性，是很科学的。

概率统计！虽然听不懂，但是感觉很厉害的样子。

可能性最早是人类基于对未知事物的不了解而产生的。

就像班长并不知道他会不会被班主任骂一样。

对，人们用可能性来代替将来会发生事情的概率，比如"塞翁失马，焉知非福"的故事。

尽管可能性早在生活中运用，但是真正提出完整的理论还是近代的事情。

机会游戏为概率的数学研究提供了动力。

而基本问题仍然被赌徒的迷信所掩盖。

是说赌徒们想利用概率问题来为自己赢得更多的钱，才出现了对概率的研究吗？

不完全对，赌徒问题只是数学家费马和帕斯卡为研究概率而设计的一个模型。

概率统计起源于17世纪中叶，当时在误差、人口统计、人身保险等范畴中，需要整理和研究大量的随机数据资料。

在17世纪中叶之前，"可能"一词意味着可以批准，并且在这个意义上，被明确地应用于意见和行动。

在法律背景下，"可能"也可以适用于有充分证据的命题。

那概率统计后来有哪些发展？

从17世纪到19世纪，拉普拉斯、高斯等数学家都对概率论的发展做出了杰出贡献。在这段时间里，概率论的发展简直到了令人着迷的程度。

You succeeded!

Yes!

雅各布·伯努利的遗著《猜度术》,可称为是概率论的第一部专著,奠定了概率论作为一门独立数学分支的基础。

得了吧,数学还能让人着迷?

呕!

但是到20世纪初,概率论的一些基本概念,仍然缺乏严格的理论基础。

主观概率即是某人对特定事件会发生的可能的度量。魏忠贤就是趁着皇帝专心做木工而无心处理朝政的时候向他提建议，这样成功的可能性就可预测了。

皇上！奴臣有一妙计。

你自己看着办，我忙着呢！

这个时候的皇上最好骗。成功率太高了。

皇上！专心做木工的时候帅呆了！

吔！

每一秒钟都有千万种可能性，包括奇迹！我这就去！

咚！

呼~

咚！

第六话　加法乘法之缘

我要凭借自己的智慧喝到这杯水!

是汉子就麻利点!

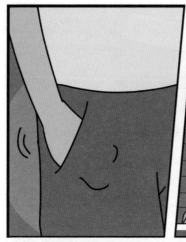

我这里有五个弹球，你需要吗？

大家不要管她，乌鸦喝水的故事看多了。

你这些弹球多少钱买的？

真是在哪都能遇到你啊。

!

咳咳咳

1631年威廉·奥特雷德在其著作《数学之钥》中首次以"×"表示两数相乘。

×

1631年才出现"×"，那"+"应该出现很长时间了吧？

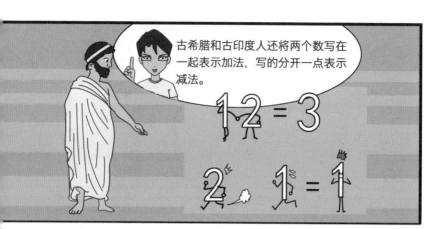

古希腊和古印度人还将两个数写在一起表示加法，写的分开一点表示减法。

加法就是将相同的物品放到一起的过程，所以将两个数写在一起表示加法。

很多桶单身贵族放到一起，用加法表示就费事了。

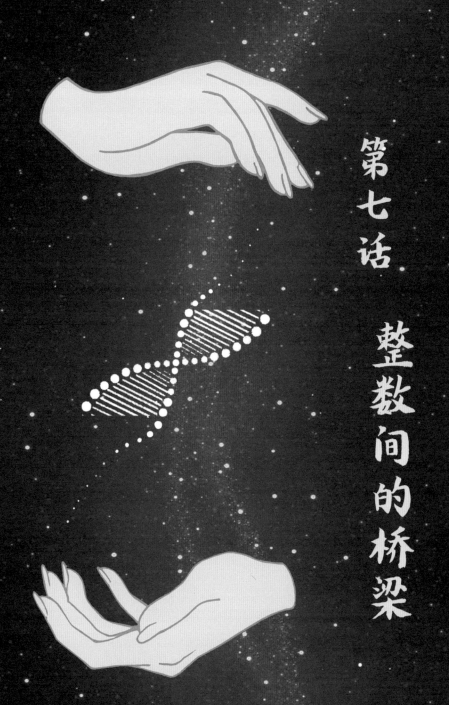

第七话　整数间的桥梁

布慧庞正准备把蛋糕切成六份。

这样分不公平，小天这么小，应该分得少一点。

我赞成！

来啊！互相伤害啊！

辣条

1是整数部分　2.0,3.0,4.0,…小数　0是小数部分

整数部分　小数点　小数部分

1	.	0
2	.	0
3	.	0
4	.	0

小数是整数之间的桥梁。

无论是整数、小数、分数，它们都是计数单位的累加。

小数的名称是元代数学家朱世杰提出的。当时出现了低一格表示小数的方法：比如64.12表示为：

我大中华真是人才辈出！

小小一个点可是解决了众多数学难题。

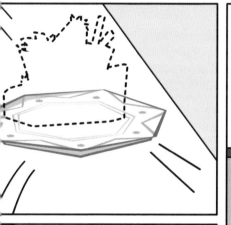

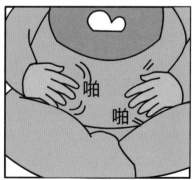

第八话 减号、除号也能减肥？

贵族

布同学，你得了很"重"的病啊。

要治这病，得用减法！

减法？

哈哈！这"减法"再简单不过了，以后你的蛋糕就由我代劳了。

贵族

班长口气真大！上次把25-6算成29了，还敢说减法简单。

你们说的不一样，一个是减法，一个是减肥。

别看减法简单，但历史很长哦。

"＋"中拿去一竖，不就是"－"嘛。

算术符号就是这么简单易懂。

15世纪德国数学家魏德曼发现横线加一竖可以表示增加，"＋"中拿去一竖就是减少的意思。

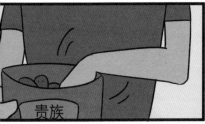

15世纪才发明，历史也不长嘛。

5－3就是这个意思。

咳咳，早在5000年前，古埃及人就用这个符号表示减号了。

这和古埃及的加号很像！

 加号

 减号

一个朝左走，一个朝右走。

别走！

我只想象到我的蛋糕，长了两条腿，要离我而去。呜～

那不正好帮你减肥嘛。

除号的历史就没有那么长了。

中世纪数学家花拉子密曾用 $\frac{3}{4}$ 表示3被4除。有人认为现在通用的分数记号就源于此。

唉，好好的一块蛋糕被你们分了。

还想着蛋糕，你已经超重了。

"÷"的本意就是分。

这个符号由瑞士数学家约翰·拉恩创造，"÷"很形象地表达了分解的意思。

代数

第九话
易佰分考差了

这次月考我们班平均分数全年级倒数第一！小梦稳定地拖后腿，连易佰分都差点不及格。

我知道一组数据的和除以这组数据的个数所得的商就是平均数。

切！又在读概念！

加起来做个除法嘛。颠三倒四再起个名字有什么意思？

$$A_n = \frac{a_1 + a_2 + a_3 + \cdots + a_n}{n}$$

我还能写呢！

"平均"这样的概念本来就是人类直观的思维工具。

晏婴跟齐景公讲"均贫富"的时候还不知道数学公式是什么东西。

能够把"平均"这样简单表达出来，也是现代数学的优美之处。

我就说优美嘛！

撑住啊！

呕！

均贫富就是古代绿林好汉的劫富济贫嘛。

为了均贫富!

土匪来了!跑啊!

估算?

平均数最早出现在公元4世纪,它是用来做估算的。

四年级要学估算吗?

做多位数除法的竖式方法就包括了估算，对小学生来说，是思维方法的一个飞跃。

飞跃？！

……

平均数真正的用武之地是在天文学和统计学上。

最为典型的是，丹麦天文学家第谷把对观察数据分组的技巧引入了天文学来计算平均数。

数据也要分组？像我们班这么分组？

具体分组方法就不是该给小学生讲的内容了。

可是应该给天才型的小学生讲！

后来开普勒也是在第谷的观测数据的基础上发现了行星运动三大定律。

开普勒、第谷，外国人名字真好听！李老师的名字也好听。

呕~

呵呵。

英国数学家辛普森还证得，若以观测值的平均数去估计真值，误差将比单个观测值要小，

而且随着观测次数的增加误差会进一步减小。

辛普森！好酷啊！

等下，我把这几个概念的名字记下来：观测值、平均数、真值、误差。

观测值
平均数
真值

咳，咳。

道理其实很简单，很多简单观测的误差平均都趋近于零。

还有"趋近于"！

!!

哈哈哈哈

佰分！必须上补习班！

117

班长，你怎么到树上去了？

姚爱国！

张老师，消消气，还是先把班长救下来吧！

易佰分！你去办公室拿梯子。

啊？夏小梦，老师让你去拿梯子。

你这个体育渣。

等等！

果然，只要有聪明的头脑，总有办法偷懒。

你们故意的吧！

从河那头绕过来

不就行了！

等等！什么定理？学

习好也不能忽悠人啊！

浪漫的古人认为，把太阳到地面的高度当作"勾"，太阳对应地面的点到我们的距离当作"股"，再通过勾股定理计算出弦的长度，就能得出我们到太阳的距离。

张老师，这篇文言文不要求背诵吧？

股

勾

我会跟李老师讲的，今天的数学作业是默写勾股定理古文！

不要啊！

我听李老师说过，女人不说话的时候最迷人。

更迷人的是！到今天为止，勾股定理已经有500多种证明方法，可谓"史上最强定理"！

不论是东汉末年刘徽的青朱出入图，还是三国时期的赵爽弦图，都是充满智慧的证明。

忽视

......

特别鸣谢

（以下排名不分先后）

重庆邮电大学科普写作社团：罗夕洋
重庆师范大学：崔梦梅

漫画制作：重庆樊拓思动漫有限公司、
彭云工作室、徐世晶、廖佳丽、黄慧